Fruchtbarkeitssymbole und Grabbeigaben aus Ecuador. Diese Figuren werden heute als Touristenattraktion in allen Folkloreläden des Landes angeboten.

Salzteig mit Roggenmehl tönen

Nimmt man anstelle von Weizenmehl Roggenmehl, so erreicht man eine Bräunung wie bei gebackenem Brot. Dies ist z. B. bei Getreidekränzchen, die nicht bei so hoher Temperatur gebacken werden dürfen (Getreide verbrennt sonst), vorteilhaft. Beachten Sie, daß die Backzeit auch hier um mehr als die Hälfte der sonst angegebenen Zeit verlängert wird.

Selbstverständlich sind Zwischentöne dadurch zu erzielen, daß Roggen- und Weizenmehl mit unterschiedlichen Anteilen gemischt werden.

Aufbewahren von Teig

Wurden größere Mengen Teig hergestellt oder möchte man Salzteig immer verfügbar haben, so kann der Teig bis zu einer Woche in einer Gefrierdose aufbewahrt werden. Auch Plastiktüten und Gefrierbeutel können dienlich sein. Der Teig zieht beim Aufbewahren etwas Feuchtigkeit an, deshalb vor dem Verarbeiten je nach Bedarf nochmals mit Mehl durchkneten.

Während des Verarbeitens schützt man den Teig vor schnellem Austrocknen, indem man nur die gerade benötigte Menge auf die Arbeitsplatte legt. Der restliche Teig kommt unter eine umgestülpte Schüssel oder unter eine Käseglocke.

Warum Tapetenkleister in den Teig geben?

Die Beimengung von Tapetenkleister gibt dem Teig mehr Geschmeidigkeit. Er kann besser „gestellt" werden, ohne daß er bricht oder wieder zusammenfällt (Röckchen, Hüte, Blätter). Er läßt sich so auch etwas „ziehen".

Tapetenkleister verbindet beim Backen die angesetzten Motive. Es genügt also, die Teile nur an- oder aufzulegen. Ein Anfeuchten der angesetzten Teile ist nicht erforderlich. Außerdem gibt der Kleister dem Material insgesamt noch mehr Härte und Haltbarkeit. Ein weiterer Vorteil: Der Teig trocknet beim Verarbeiten nicht so schnell auf.

Eine alte Volkskunst und ein neues Hobby

Brot- und Salzteigfiguren finden sich schon früh in verschiedenen Kulturen. Mit dem entsprechend geformten Brot brachte man in vorchristlicher Zeit den Göttern ein Opfer dar, um Fruchtbarkeit zu erbitten. Andere Teignachbildungen sollten als Grabbeigaben den Verstorbenen auf ihrer Seelenwanderung zur Nahrung dienen.

Längst sind Totenkult und Fruchtbarkeitskult beim Salzteig vergessen, aber die Tradition hat sich über Jahrhunderte und Jahrtausende erhalten. Man kann dies vor allem in Ecuador, Griechenland, Polen, Tschechoslowakei, Rußland, Spanien und in Deutschland nachweisen.

Jetzt haben Bastler und Hobbykünstler den Salzteig für sich entdeckt. Für sie ist Salzteig ein ideales Modelliermaterial, weil es leicht zu bearbeiten ist und fast nichts kostet. So kann es nicht verwundern, daß heute schon Hunderttausende mit Salzteig gestalten, die sich an andere Modelliermassen nie herantrauten.

Natürlich ist es faszinierend und beglückend, das Werkstück in allen Phasen selbst im Griff zu haben, denn „gebrannt" wird im eigenen Herd!

Es kommt überhaupt nicht darauf an, perfekte Stücke zu modellieren. Beginnen Sie mit einfachen Formen. Dann werden sich Erfolg und Freude einstellen. Am Ende beherrschen Sie die Materie und werden Ihre eigenen, ganz persönlichen Kunstwerke gestalten.

Dazu wünsche ich Ihnen Geduld und Glück!

Gudrun Hettinger

ISBN 3-7724-0625-4 · Best.-Nr. 868 · © 1983

Auflage: 12. 11. 10. 9. | Letzte Zahlen
Jahr: 1988 87 86 85 84 | maßgebend

frech-verlag GmbH + Co. Druck KG Stuttgart
Druck: Frech, Stuttgart-Weilimdorf

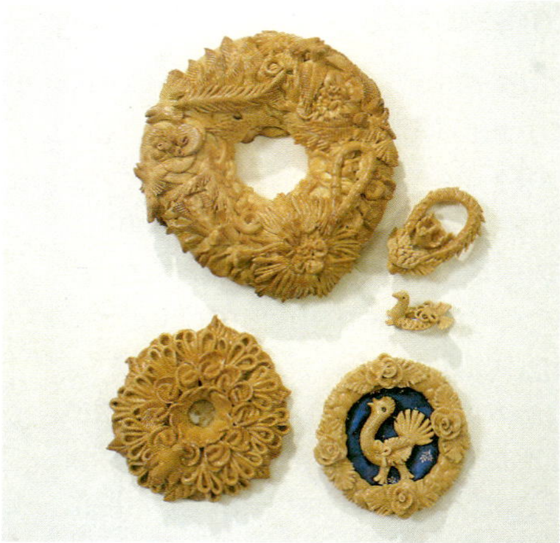

Teigfiguren aus der Tschechoslowakei und Hochzeitskränze aus Kreta.

Salzteig-Rezept

2 Tassen Salz (einfaches, feinkörniges Salz)
ca. 2 Tassen Mehl (billiges Mehl, Type 405)
1/2-1 Tasse Wasser
1/2-1 Eßlöffel Tapetenkleister, je nach Größe der Tasse

Bei diesen Zutaten kann man kaum etwas falsch machen. Der Tapetenkleister sollte trocken sein, wenn Sie ihn beimischen.

Das Verhältnis der einzelnen Zutaten zueinander ist nicht exakt festzulegen, denn es gibt verschiedene Mehlsorten. Auch die Körnung des Salzes spielt eine Rolle.

Wichtig: Der Teig muß gut formbar sein mit einer Konsistenz wie Mürbeteig.

Nachfolgend einige Abwandlungen des Rezeptes:

Feiner Salzteig

Einen verfeinerten Salzteig erzielt man, wenn zuerst das Salz im Wasser aufgelöst wird. Dabei wird die Lösung ca. 5 Minuten mit einer elektrischen Küchenmaschine gerührt. Erst dann gibt man das mit Tapetenkleister vermischte Mehl dazu.

Gefärbter Teig

Sehr schöne Effekte lassen sich mit vorher eingefärbtem Teig erzielen. Man erspart sich das zeitaufwendige Anmalen. Die Farben wirken dezenter und lassen den Werkstoff besser zur Geltung kommen. Am besten ist es, neben die Naturtöne ausschließlich Abstufungen in Braun zu verwenden. Ein heller Untergrund unterstützt die Wirkung.

Einfärben mit Batikfarben

Rezept wie angegeben. Anstelle von Wasser aufgelöste Batikfarbe beimischen. Etwas mehr als eine Tasse Wasser zum Kochen bringen, ein Päckchen Batikfarbe unterrühren und nochmals kurz aufkochen. Erkalten lassen, nochmals umrühren und dem Teig zugeben.

Batikfarben sind in vielen Farbtönen im Hobbyhandel erhältlich.

Einfärben mit Kaffee

Rezept wie bisher. Anstelle von Wasser wird eine Tasse aufgelöster Pulverkaffee beigegeben. Man erhält eine dunklere Farbtönung, wenn man mehr Kaffeepulver beimengt. Den Kaffee erkalten lassen, bevor die Lösung dem Teig beigegeben wird.

Einfärben mit Lebensmittelfarben, Kakao, Zimt u.ä.

Grundsätzlich die Zutaten immer in Wasser auflösen bzw. anrühren und erkaltet dem Teig zugeben.

Eingefärbter Teig benötigt etwa das Anderthalbfache der angegebenen Backzeit.

Achten Sie bei Verarbeitung von verschiedenfarbigem Teig darauf, daß Arbeitsplatte, Hände und Werkzeug immer wieder gründlich gereinigt werden, damit die Reinheit der Farben erhalten bleibt.

Werkzeug

So einfach wie die Zubereitung des Salzteiges ist auch das dazu benötigte Werkzeug.

Für die Teigzubereitung: Schüssel und Tasse, evtl. elektrische Küchenmaschine oder Handmixer.

Modellierhilfen: Küchenmesser, Modellierstäbchen (im Hobbygeschäft erhältlich), Ausstechformen, Knoblaubpresse, Pinzette, Sieb, Manikürbesteck.

Hilfsmittel für Ornamente: Nägel, Schrauben, Zahnstocher, Schere, Schaschlikspieß, Zahnbürste, Trinkhalm, Kugelschreiberminen, Faserschreiber, Tülle vom Spritzbeutel, Töpferwerkzeug.

Sonstige Hilfsmittel: Wellholz, Palettenmesser (zum Abheben vom Teig), Backblech.

Material zur Fertigstellung: Bänder zum Aufhängen, Bilderaufhänger aus Leinen oder Metall, evtl. Rahmen, Kork- oder Bastscheiben, Holzteller zum Aufkleben usw.

Als Arbeitsfläche eignet sich am besten der Küchentisch oder ein großes Backbrett aus Holz.

Richtiges Backen

Wenn die Kunstwerke gelingen sollen, muß auf richtiges Backen geachtet werden. Sonst könnte es Blasen geben oder die Modelle verformen sich nach einiger Zeit und können sogar reißen.

Grundsätzlich mit niedriger Stufe (Elektroherd ca. 100 - 120 °C) ca. ½ Stunde trocknen. Lassen Sie während dieser Zeit den Backofen einen kleinen Spalt offen, damit die Feuchtigkeit entweichen kann.
Der langsame Trocknungsprozess ist wichtig, weil Salz sehr schnell verkrustet. Wenn Luft und Feuchtigkeit dadurch nicht mehr entweichen können, bilden sich Backblasen. Sollten trotz vorsichtigem Backen Backblasen entstehen, kann man diese in den ersten 15 Minuten, wenn die Oberfläche etwas angehärtet, das Innere aber noch weich ist, wegdrücken, indem mit einer feinen Nadel eingestochen wird.

Ist nun der Teig gut abgetrocknet, kann man auf einen höhere Temperatur schalten und zwar auf 150 °C, später 180 °C. Wenn man noch mehr Bräunung wünscht, dann kurzfristig auf 200 bis 220 °C oder kurz auf „Grill" schalten. Da bei dieser Einschaltstufe der Salzteig schnell verbrennen kann, empfiehlt es sich, diesen Bräunungsvorgang zu beobachten.
Backzeiten bei kleineren Bildern ca. 1-2 Stunden, bei Kränzchen ca. 3-4 Stunden. Die Backzeit richtet sich nach der Dicke des Motivs.
Eine partielle Bräunung erreicht man, wenn Teile mit Alufolie abgedeckt, andere offen gelassen werden.
Noch ein Tip: Man kann ein Stück nach der normalen Backzeit mit Speiseöl dünn bepinseln und dann nochmals kurz unter stärkerer Hitze überbacken (220 °C oder „Grill"). Der Effekt: eine intensive Bräunung. Achtung: Bräunungsvorgang überwachen!
Das Backblech wird ganz leicht mit Speiseöl eingefettet, am besten mit einem Haushaltvlies, damit wirklich nur ein leichter Film aufgetragen wird. Wenn zuviel Öl oder Fett aufgebracht wird, saugt sich der Teig voll und es entstehen dunkle, unschöne Ränder. Sollte Alufolie verwendet werden, diese generell erst nach dem Erkalten ablösen, da sonst Unebenheiten auf der Rückseite entstehen.

Die Backzeit läßt sich bei Kränzen und dickeren Salzteigwerken verkürzen, indem man diese, sobald sie schon etwas festgebacken sind und ihre Form behalten, vom Blech nimmt und direkt auf den Rost im Backofen legt. So erhalten die Backwerke von unten mehr Hitze.

Nicht an der Luft trocknen lassen!
Ich rate dringend davon ab, Bilder oder Kränze an der Luft oder auf der Heizung zu trocknen. Wie erwähnt verkrustet das Salz schnell und die abgetrocknete, verkrustete Oberfläche läßt keine Luft mehr in das Innere. Der Teig bleibt innen roh und feucht, das gibt am Ende Spannung und das Bild reißt.
Trocknen kann man evtl. solche Motive, die mit Ausstechformen und Holzmodeln gefertigt wurden. Diese sind ja sehr flach. Sie nehmen nach dem Trocknungsprozeß keine Farbe an und bleiben hell.

Bemalen und Lackieren

Es ist Geschmacksache, und auch von Motiv und Verwendungszweck abhängig, ob man die Stücke natur beläßt oder noch bemalt. Bemalen darf man sie natürlich erst, wenn sie durchgebacken und abgekühlt sind.
Zum Bemalen eignen sich Hobbyfarben auf Acrylbasis (Bauernmalerei-Farben). Diese „stehen" auf dem Material, so daß man kleine und kleinste Muster aufbringen kann. Da Wasserfarben vom Salzteig aufgenommen werden, wirken sie blasser. Die stärker fließende Farbe erlaubt keine Detailzeichnung. Wer vorher mit Deckweiß grundiert, mildert die vorgenannten Schwächen der Wasserfarben.
Wo zarte Töne angestrebt werden, sind auch Aquarellfarben zu empfehlen.
Für **Gesicht** und **Hände** mischt man die Hautfarbe aus Weiß oder Elfenbein, Orange und etwas Gelb. Die Farbe wird etwas wässrig aufgetragen, damit sie zart wirkt. Solange die Farbe noch feucht ist, werden für die Wangen kleine rote Punkte aufgemalt, die dann mit der Gesichtsfarbe ineinanderfließen. Augen und Mund werden mit einem feinen Pinsel ausgemalt.
Für die **Kleidung** erst Grundfarben auftragen, dann die verschiedenen Muster, Taschen, Blümchen, Herzchen, Flicken, Mieder, Schleifen, Krawatten, Knöpfe, Streifen, Punkte usw. draufmalen.
Zum Bemalen verwendet man am besten einen Rotmarderpinsel. Da dieser sehr weich ist, lassen sich die Ecken und Winkelchen leichter ausmalen.

Für die Pinselpflege gelten die üblichen Regeln: Das der Farbe entsprechende Reinigungsmittel verwenden, den Pinsel nicht auf den Haaren stehen lassen, vorsichtig zwischen den Fingern immer wieder eine einwandfreie Spitze formen.

Lackieren
Um die Kunstwerke vor Feuchtigkeit zu schützen, besprüht oder bepinselt man sie mit Matt-, Seidenmatt- oder Klarlack, je nachdem, wie stark der Glanz gewünscht wird. Ein dünneres Auftragen des Lacks erreicht man durch Sprühen. Bastellacke sind im Hobbyhandel in der Sprühdose oder im Glas erhältlich.
Vorsicht beim Lackieren von bemalten Motiven! Der Lack dringt nicht wie bei den naturbelassenen Stücken etwas ein, sondern „steht" auf der Farbe und glänzt dadurch mehr. Man sollte beim Lackieren auf keinen Fall die Rückseite vergessen. Hier ist der Schutz besonders wichtig.

„Naturbelassen"
Sehr schön sind z.B. Kränze, die naturbelassen bleiben. Durch das Backen entstehen effektvolle Farbschattierungen, die oft stimmungsvoll wirken.

Aufhängen der Bilder, Figuren und Kränze

Es gibt verschiedene Möglichkeiten:

1. Vor dem Backen wird in die obere Mitte ein Loch gestochen, falls man die Aufhängung mit einem Nagel oder einem durchgezogenen Bändchen plant. Auch ein farblich abgestimmtes Schleifchen macht sich nachher sehr gut (kleine Bilder).
2. Nach dem Backen werden Bilderaufhänger aus Leinen oder Metall, die im Hobbyhandel erhältlich sind, mit Pattex aufgeklebt (Bilder, Figuren).
3. Die Aufhänger werden in den Teig gedrückt. Man biegt aus einem 1,5 mm starken Draht einen Aufhänger, den man an den unteren Enden etwas auseinanderbiegt. Dieser Aufhänger wird tief in den Teig gedrückt, bis nur noch eine kleine Öse herausschaut. Aufhänger fest andrücken, damit er sich später nicht löst und das Gewicht z.B. von einem Kranz halten kann. Man kann auch kleinere und größere Büroklammern zurechtbiegen. (Kränze, Zöpfe, Figuren)
4. Kränze können an einem breiten Band aufgehängt werden, das durch eine Schleife dekoriert wird. Wird dem Band am oberen Ende ein Messingring eingenäht, so hängt es gefälliger an der Wand.

Der richtige Platz zum Aufhängen bzw. zum Aufbewahren

Salzteigfiguren vertragen absolut keine Feuchtigkeit; darum sollten sie in einen trockenen Raum gehängt werden. Da Salz hygroskopisch ist, d.h. Wasser anzieht, würden die Bilder oder Figuren nach einiger Zeit weich werden, sich verformen oder sogar von der Wand fallen. Außer durch Lackieren können die Salzteigwerke noch dadurch geschützt werden, daß auf der Rückseite Pappe, Styropor oder Filz aufgeklebt wird. Sollten Salzteigbilder dennoch einmal weich geworden sein, kann man sie bei einer Temperatur zwischen 100 bis 150 °C nochmals backen.
Werden z.B. Weihnachts- oder Ostermotive aufbewahrt, so dürfen diese niemals in den Keller oder in andere feuchte Räume gelegt werden.

So entstehen Blumen, Blüten, Obst und Blätter

Rose

1. Von einer Teigrolle, ∅ ca. 1 cm, Länge ca. 3 - 4 cm, werden 5 oder 6 Stückchen abgeschnitten.

2. Zwischen den Handflächen werden Kugeln daraus geformt.

3. Jetzt werden diese Kugeln auf der bemehlten Arbeitsplatte flachgedrückt. Es empfiehlt sich, eine Reihe Blütenblättchen vorzuarbeiten, damit die Röschen in einem Zug zusammengesetzt werden können.

4. Die so vorbereiteten Blütenblätter werden wie folgt aneinandergereiht. Die erste Platte wird fest aufgerollt, die zweite angesetzt und teilweise darumgewickelt, dann die nächste Platte immer etwas versetzt über die vorhergehende Platte mit drehenden Bewegungen ansetzen.

5. Wenn der Blütenboden zu lang und zu dick geworden ist, einfach abdrehen oder abschneiden. Die fertige Rose mit Hilfe eines Hölzchens auf die gewünschte Stelle plazieren. Zum Schluß werden die Blütenblättchen noch leicht nach außen gedrückt.

Rose einfacher Art

Einfache, kleine Röschen werden aus einem länglichen, schmalen Band aufgerollt. Anfangs etwas fester aufrollen, nachher etwas loser. Am Blütenkelch unten zusammendrücken und den überstehenden Teig abdrehen oder abschneiden. Dann das Röschen ebenfalls mit einem Hölzchen auf die gewünschte Stelle und die Blütenblättchen etwas nach außen drücken.

Margeriten und Sonnenblumen

Man formt sie aus kleinen Kugeln, drückt sie zu ovalen Blättchen und ordnet diese fächerartig rund um die Blütenmitte an. Bei der Margerite legt man eine kleine Kugel, bei der Sonnenblume eine etwas größere Kugel in die Mitte. Hier sind die Blütenblättchen im Verhältnis etwas kleiner. Die Blütenblättchen werden mit Daumen und Zeigefinger am äußeren Ende spitz zusammengedrückt.

Vergißmeinnicht

Kleine Kugeln werden rund um die Blütenmitte angeordnet. Die Mitte wird wiederum mit einer kleinen Kugel versehen.

Kleeblüte
Hierfür drückt man den Teig durch ein Sieb und formt daraus vorsichtig eine Halbkugel.

Beerchen und kleine Blümchen
entstehen aus kleinen Kügelchen, die in der Mitte mit einem Schaschlikspieß oder Trinkhalm eingestochen werden. Auch kleine Ausstechformen, Aspik- und Marzipanförmchen (Kleeblättchen, kleine Sterne usw.) geben reizende Blümchen, die ebenfalls in der Mitte eingedrückt werden. Evtl. auch mit Gewürznelken, Pfefferkörnern oder Senfkörnern verzieren. Hübsche kleine Blümchen entstehen, wenn die aufgesetzten Kügelchen mit einer Schere kreuzweise eingeschnitten werden.

Wicke
In die Mitte einer plattgedrückten Kugel wird ein Schaschlikspieß gesteckt. Nun wird der Teig um die Spitze des Spießchens herum festgedrückt. Am Rand wird der Kreis etwas auseinandergebogen, so daß geschwungene Konturen entstehen. Die Blüte wird mit dem Spießchen an die gewünschte Stelle gedrückt. Die Mitte kann noch mit einer Gewürznelke oder einem Teigkügelchen ausgeschmückt werden.

Veilchen
Runde Blättchen formen, je 5 dieser Blütenblätter schuppenförmig zur Blüte ordnen, leicht zusammendrücken und in die Mitte eine kleine Kugel setzen.

Blüte
Ovale Scheiben formen und mit den Fingern leicht zusammendrücken. Blätter zur Blüte zusammenfügen. Für die Staubgefäße wird Teig durch ein Sieb gedrückt und vorsichtig in der Mitte angeordnet.

Nelke
Eine plattgedrückte Teigkugel wird zur Hälfte eingeschnitten. Nun wird diese Platte von außen tütenförmig aufgerollt und auf der gewünschten Stelle festgedrückt. Der Rand wird mit der Schere so dicht wie möglich eingeschnitten. Zum Schluß bekommt die Nelke noch etwas Form, indem sie leicht nach außen gedrückt und mit einem Stäbchen zurechtgeordnet wird.

Blättchen
Kleine Kugeln, je nach Größe des gewünschten Blattes formen. Zwischen zwei Fingern plattdrücken und dabei etwas oval formen. Die Enden werden mit Daumen und Zeigefinger spitz zusammengedrückt. Die so entstandenen Blättchen werden auf der gewünschten Stelle festgedrückt und zwar so, daß in der Mitte die Blattader leicht mit eingedrückt wird. Jetzt wird noch das restliche Blattgerippe leicht eingekerbt.

Apfel
Kleine Kügelchen festdrücken und für die Blüte eine Gewürznelke eindrücken. Mit kleinen Rosinen- oder Nelkenstielchen ausschmücken.

Birne
Kleine Kugeln in den Handflächen rollen und dabei den Birnenhals herausmodellieren. Der Teig sollte hierfür sehr trocken sein, sonst wird die Birne nachher flach. Ebenfalls wieder eine Gewürznelke und Stiel einstecken.

Weintraube
Als Grundform wird ein Dreieck gebildet. Darauf werden kleine Kügelchen aneinandergereiht und aufeinandergelegt. Mit der Auflegetechnik lassen sich eindrucksvolle reliefartige Wirkungen erzielen. Die gute Haftfähigkeit des nach dem bewährten Rezept hergestellten Salzteiges ermöglicht das Formen von Reliefarbeiten in feinster Ausführung. Zur weiteren Ausschmückung kann noch eine kleine Rebe angebracht werden; sie wird aus feinen Teigwürstchen gedreht.

Getreide/Weizen
An eine lange, dünne Wurst werden rechts und links ca. 6 kleine Kügelchen angesetzt. Sehr dekorativ wirken auch lange, schmale Blätter, die etwas gedreht und schwungvoll angefügt werden. Nur soviel andrücken, daß die Blätter sich nicht verformen.

Mohnblume
Fünf runde Blütenblätter werden fächerartig zum Kreis gelegt. Für die Staubgefäße wird Teig durch ein Sieb gedrückt und vorsichtig in der Mitte angeordnet.

Kornblume
Hierfür werden 5 ovale, etwas dickere Blättchen kreisförmig um die Mitte gelegt. In jedes Blütenblatt werden zwei Rillen eingeschnitten. Die dadurch entstandenen feinen Blütenblättchen werden an den Enden mit Hilfe eines Modellierstäbchens spitz zusammengedrückt, so daß 5 Dreiergruppen mit Blütenblättchen um die Mitte angeordnet sind. Der Teig für die Staubgefäße wird wieder durchs Sieb gestrichen.

Runde Teigbilder

Eine phantasievolle Dekoration für jedes Heim sind die **runden Bilder** im Teigrahmen. Hierfür werden zuerst Teigplatten, ∅ 16 cm, ausgewellt und ausgestochen. Die Rahmen werden als einfache, glatte Rollen um das Bild gelegt. Die Anschlußstellen müssen sorgfältig verstrichen werden, evtl. leicht anfeuchten.
Für die **Blumenbilder** werden die einzelnen Blumen- und Blütenmotive, wie beschrieben, arrangiert. Für die Mitte der Blumenbilder wurde etwas Teig (ca. 1 cm hoch) unterlegt, damit die Wölbung sich besser herausarbeiten läßt.

Bei dem **Rebstock** werden rillenartige Strukturen auf der gesamten Oberfläche mit einem Modellierstäbchen eingedrückt. Die Weintrauben werden nach Anleitung gefertigt.
Das Blütenbild wird mit einem Schmetterling und Vögelchen ergänzt. Für das **Vögelchen** werden eine kleinere und eine größere Kugel geformt und angesetzt. Der kleine Flügel wird aus einem ovalen Blättchen angesetzt, das Schwänzchen aus einem Dreieck, das in der Mitte eingeschnitten wird. Die Spitze wird an den Körper angefügt. Zum Schluß noch das Schnäbelchen ansetzen. Für den **Schmetterling** wird ein schmales Würstchen für den Körper geformt. Die Flügel werden aus 4 ovalen Blättchen, die an den äußeren Enden spitz zusammengedrückt werden, angesetzt. Blüten werden nach Beschreibung modelliert.
Da all die kleinen Einzelheiten in Form und Farbe kaum schriftlich erfaßbar sind, ist es empfehlenswert, sich nach den 4 Modellbildern zu richten.
Diese Bilder werden ganz mit eingefärbtem Teig hergestellt. Sie könnten aber genauso gut nachher bemalt werden.
Backzeit ca. 2 Std.

Kleine Backwerke zur Fertigung von Brötchen- und Getreidekränzen

Brötchen
Kleine Kugeln werden kreuzweise eingedrückt oder mit einer Schere eingeschnitten. Leicht anfeuchten und mit Mohn, Sesam, Kümmel, Hagelzucker oder grobem Salz bestreuen.

Brezeln
Schmale Teigwürstchen werden zu Brezeln geschlungen.

Hörnchen
Aus ca. 3 cm großen Vierecken werden zwei gleichmäßige Dreiecke geteilt. Das Hörnchen von der breiten Seite her so aufrollen, daß die Spitze obenauf liegt. Nun wird das Hörnchen noch in Form gebogen.

Brote werden ebenfalls aus einer Kugel geformt. Sie werden entweder in runder oder ovaler Form auf das Blech gedrückt und mit Modellierstäbchen oder Messerrücken Vertiefungen eingedrückt. Die Brote können noch leicht eingepinselt und mit Kümmel, Mohn, Sesam oder grobem Salz bestreut werden.

Zöpfe, Stangen, Kringel entstehen aus geschlungenen Teigrollen, die ebenfalls wieder angefeuchtet und mit Gewürzen bestreut werden können.
Backzeit ca. 1/2 bis 3/4 Std.

Das Schwergewicht bei dem **geflochtenen Kranz** liegt auf der unteren Mitte. Er wird mit einer Vielzahl von feinmodellierten Blumen geschmückt. Ein dekorativ gebundenes Band gibt ihm eine ganz persönliche Note.
Größe: ∅ 18 cm
Backzeit: ca. 3 Std.

Das **Rosenkränzchen** wird auf einem Teigring, ∅ 11 cm, modelliert. Zuerst wird ein Blätterkranz erstellt, darauf werden Röschen angeordnet. Diese wurden braun eingefärbt.
Backzeit: ca. 2 Std.

Der Vogelkranz wird aus geschlungenen Teigwürstchen geformt. Auch der Steg in der Mitte ist geschlungen. Die Vögelchen wurden ausgestochen und noch mit ovalen Flügelchen ergänzt. Die Ornamente auf den Flügeln werden mit einem Trinkhalm eingedrückt.
Größe: ∅ 20 cm
Backzeit ca. 2½ Std.

Für den Brötchenkranz wird ein Teigring geformt. Die Backwerke werden laut Anleitung gefertigt und aufgedrückt. Dieser Kranz wurde zum Schluß noch mit eingefärbten, braunen Blättchen verziert. Wünscht man etwas mehr Kontrast, so können auch noch verschiedene Gebäckstücke braun eingefärbt werden.
Größe: ∅ 20 cm
Backzeit ca. 2½ Std.

Kränze und Zöpfe

Für den Kranz wird aus zwei bzw. drei Teilen ein Zopf geflochten oder geschlungen. Dieser wird auf das Backblech zu einem Ring gelegt oder in Zopfform belassen. Zopf oder Kranz werden nun mit den beschriebenen Blumen, Obst oder Gebäckstücken verziert. Es kann hier nur ein Teil der Möglichkeiten wiedergegeben werden. Die eigene Phantasie ist noch immer der beste Ratgeber. Vor allem aber bringt das Selbsterfinden mehr Befriedigung als bloßes Kopieren! Bei der Anordnung wäre zu beachten, daß die unteren bzw. äußeren Teile zuerst modelliert werden; dann kann weiter aufgebaut werden.

Ein besonderer Blickfach ist der **Rosenzopf.** Er wurde geflochten und am unteren Ende reichlich mit Rosen, Rosenknospen und Rosenblättchen verziert.

Größe: 28 cm, Backzeit: ca. 3 Std.

Blumen- und Obstkranz, ringsherum verziert. Das ist ein gefälliger, rustikaler Wandschmuck, bei dem Omas Gemütlichkeit wieder zu neuen Ehren kommt.

Auf einen Teigring, ∅ 22-25 cm, werden Birnen, Äpfel und Weintrauben angeordnet. Die Lücken werden mit Blättchen ausgefüllt. Beim Blütenkranz werden die Blumen und Blüten laut Beschreibung arrangiet und wie-

der mit Blättchen ausgefüllt. Lücken können beliebig auch mit kleineren Blümchen und Blättchen geschlossen werden.
Backzeit: ca. 3-4 Std.

Ein Feldblumenkranz aus Mohn-, Kornblumen, Margeriten und Getreide hergestellt.
Aus einer Teigwulst wird ein Ring mit einem Durchmesser von 20 cm aufs Blech gelegt. Die Enden gut verbinden. Blumen und Getreide nach Beschreibung anordnen. Der Kranz wird aus eingefärbtem Teig gefertigt und nach dem Backen noch mit ein paar feinen Pinselstrichen vollendet.
Backzeit: ca. 2½ Std.

Andrahten von Salzteigblumen, Gebäckstücken oder ausgestochenen Teilen

Die modellierten Salzteigteile werden zum Anhärten kurz in den Backofen bei ca. 100 bis 120 °C ca. 10 Minuten eingeschoben. Wenn die Oberfläche hart ist (das Innere muß jedoch noch weich sein), wird ein Blumendraht, der mit einem kleinen Haken versehen ist, hineingeschoben. Nun können die Motive fertiggebacken werden.
Die so angedrahteten Gegenstände lassen sich mühelos in einen Kranz oder Strauß stecken bzw. binden.

Getreidekränze

Verziert mit kleinen Backwerken und Salzteigblumen geben sie eine gemütliche Atmosphäre in Bauernstuben. Man kann einen gekauften oder einen selbstgefertigten Getreidekranz verwenden.

Herstellung eines Getreidekranzes
Es werden kleine Büschel entweder nur mit Hafer oder gemischt mit Hafer, Gerste und Weizen vorbereitet. Auf einen Metallring, ∅ 23 cm, wird das erste Büschel gelegt und mit einem Blumenwickeldraht zwei- bis dreimal von innen nach außen umwickelt. Dies wird fortlaufend weitergeführt, so daß

die Stelle immer mit dem nächsten Büschel verdeckt werden. Das letzte Büschel muß dicht unter das erste geschoben werden, damit kein Übergang sichtbar ist.
Blumen und Gebäckstücke werden wie beschrieben modelliert und angedrahtet. Die Salzteigteile können entweder sofort mit den Getreidebüscheln eingebunden werden oder es werden 4-5 Stücke zunächst zu kleinen Sträußchen zusammengebunden. Diese Sträußchen werden dann rundherum gleichmäßig auf dem Kranz befestigt. Die Salzteigblumen werden eingefärbt. Bei den Backwerken erreichen Sie mehr Kontrast, indem Sie einzelne Backstücke aus braungefärbtem Teig fertigen.

Feldblumen- und Herzchensträußchen

Diese beiden Sträußchen sind für jede rustikale Einrichtung ein passender Schmuck und wirken ausgesprochen fröhlich.
Für das **Feldblumensträußchen** werden zuerst die Blumen nach Anleitung gefertigt und angedrahtet. Nun werden die angedrahteten Blumen, Hafer, Weizen und evtl. auch Gerste kugelförmig gebunden. Wir beginnen mit der Mitte. Rund um den Mittelpunkt wird weiter angelegt und immer wieder mit Blumendraht umwickelt. Es muß darauf geachtet werden, daß die Salzteigblumen nach jeder Rundung etwas tiefer angeordnet werden, damit die gewünschte Form erreicht wird. Ist der Strauß fertig, nochmals mit Blumendraht umwickeln und die Enden gleichlang abschneiden und eine Manschette darüberstreifen. Evtl. die Stiele mit grünem Kreppapierstreifen umwickeln.

Die Technik für das **Herzsträußchen** ist gleich. Hier werden ausgestochene Herzen gefertigt und angedrahtet. Diese werden mit Statice (Tataricum) zu einer Halbkugel gebunden. Ebenfalls zum Schluß mit einer Manschette vervollständigen.

Weihnachtliches Sträußchen (ohne Abb.)

Auf ähnliche Weise kann man aus Tannenzweigen und ausgestochenen und angedrahteten Sternchen (oder andere Ausstechformen) ein nettes Sträußchen arrangieren. Zweckmäßig ist es auch hier, den Teig gleich einzufärben. Ein hübsches Band bringt noch einen besonderen Effekt.

Ostersträußchen (ohne Abb.)
Wenn man das Herzchensträußchen abwandelt und anstelle von Herzen kleine ausgestochene Häschen andrahtet, hat man für Ostern ein ausgefallenes Sträußchen.

Geschlungener Teigkranz verziert mit Früchten

Aus zwei Teigwürsten wird ein Kranz geschlungen. In die untere Mitte werden ca. 5 große Mohnkapseln in den Teig gesteckt. Danach wird links und rechts davon Weizen, Hafer, Brizagras, kleiner wilder Mohn u. ä. angeordnet. Die Lücken um die Mohnkapseln werden mit Bucheckerhülsen ausgefüllt.

Da der Kranz bei einer Temperatur von höchstens 150 °C gebacken wird, und da bei dieser Temperatur keine Bräunung erzielt wird, empfiehlt es sich, den Teig mit Kaffee einzufärben oder den Kranz aus Roggenmehl herzustellen. Nach dem Backen wird der Kranz mit Matt- oder Seidenmattlack eingesprüht. So erhalten auch die mitgebackenen Trockenfrüchte noch etwas Schutz und sind staubabweisender.
Größe: ∅ 18 cm, Backzeit: ca. 4 Std.

Blumen- und Obstkörbchen

Zuerst wird die Grundform für das Körbchen ausgewellt und ausgeschnitten. Schmale Teigwürstchen werden auf der Grundplatte gitterartig geflochten. Die so entstandenen Rauten können mit Hilfe eines Trinkhalms ausgeschmückt werden. Oder man drückt Gewürznelken bzw. Pfefferkörner ein.

Beim Verzieren des Körbchens kann man den Schwerpunkt auf die Ausschmückung des Henkels oder auf den Korbinhalt legen. Bei dem üppig verzierten Henkel legt man eine etwas dickere Teigwurst an das vorbereitete Körbchen an, drückt diese leicht platt und ordnet Blumen, Blüten und Blätter wie beschrieben an. Die Motive am besten so arrangieren, als wollte man ein Blumengesteck zusammenstellen. Für den sichtbaren Henkel werden zwei Teigwürste geschlungen und angedrückt. Wichtig ist, daß der Ansatzpunkt von Henkel und Korb etwas verstärkt wird, da dies eine besonders stark belastete Stelle ist und durch das Gewicht des Korbes leicht brechen könnte. Wieder wird der Phantasie beim Ausschmücken der Körbchen freier Lauf gelassen.

Größe der Körbchen mit Henkel
Rosenkorb (links) 23 cm
Rosenkorb (Mitte) 30 cm
Obstkorb (rechts) 28 cm
Korb mit verziertem Henkel 35 cm
Backzeit: 3 - 4 Std.

Kerzenständer verziert mit Obst

Ein prächtiges und dauerhaftes Geschenk! Leicht herzustellen: Zuerst eine Grundplatte, ∅ 15 cm, auswellen und ausstechen. In die Mitte kommt die Kerze, um die mit etwas Abstand eine Teigwulst gelegt wird, so daß zum äußeren Rand der Grundplatte ein Abstand von 1 cm bleibt. Äpfel, Birnen, Weintrauben und Blättchen werden liebevoll arrangiert. Für ein wenig Kontrast und herrlichen Duft sorgen die eingedrückten Gewürznelken.

Damit der Kerzenständer nach dem Backen seine Form behält, wird er aus relativ trockenem Teig gearbeitet. Bevor er in den Ofen kommt, sollte man noch einmal eine Probe mit der Kerze machen und darauf achten, daß kein Blättchen mehr stört.

Backzeit: ca. 3 - 4 Std.

Kerzenständer mit Blüten und Vögelchen. Hier wurde eine ovale Grundplatte ausgestochen oder nach Schablone ausgeschnitten, ∅ 16 und 13 cm. Darauf wurde ein geschlungener Kranz aufgelegt. Die gegenüberliegenden Seiten wurden mit Blättchen, Blüten und Vögelchen verziert. Die Vögelchen entstanden aus einer größeren und einer kleineren Kugel. Für die Flügelchen wurden ovale Plättchen angesetzt und an den Enden mit den Fingerspitzen leicht zusammengedrückt. Das Schwänzchen wurde aus den Körper herausmodelliert. Nun wird noch eine winzige Wulst für den Schnabel geformt und ebenfalls mit Daumen und Zeigefinger angespitzt. Die Augenpunkte werden mit einem Hölzchen eingedrückt. Dieser Kerzenständer läßt sich auch als Schale verwenden oder als reizendes Osternestchen. (Abb. rechts oben)

Backzeit: ca. 3 Std.

Blumenring für einen Kerzenständer

Mit einem kunstvollen Blumenarrangement ist dieser Kerzenständer verziert. Die schönen warmen Farben ergänzen sich hier zu vollendeter Harmonie.

Zuerst wurde mit einer Teigwurst der Rand des Kerzenständers abgeformt. Nun wird die so gewonnene Form auf das Backblech gelegt und mit etwas Geschick geschmackvoll mit Röschen, Margeriten, Vergißmeinnicht und kleinen Blümchen und Blättchen verziert. Zuerst die unteren Blättchen modellieren, dann nach Belieben weiter aufbauen. Zum Schluß muß die Kerze zur Probe noch einmal hineingestellt werden, damit kein Blättchen und Blümchen stört. Kerze wieder entfernen. Der Kranz wird mit eingefärbtem Teig gefertigt.

Größe: ∅ 14 cm außen
∅ 6 cm innen
Backzeit: ca. 2 - 3 Stunden

Verschiedene Baumarten und Techniken

Beliebte kleine Geschenke und Mitbringsel sind liebevoll gestaltete Bäume.
Zuerst entsteht aus einer Teigwurst ein Stamm. Die Struktur wird entweder mit einer Zahnbürste eingedrückt oder es werden mit einem Modellierstäbchen Rillen eingeschnitten. Aus dem unteren Ende des Stammes werden die Wurzeln herausmodelliert oder sie werden einzeln angesetzt und die Ansatzstelle sorgfältig verstrichen.

Für die Baumkrone eine Kugel formen, die dann plattgedrückt wird. Diese Platte danach als Grundform an den Stamm fügen. Darauf nach Belieben Blätter, Blüten, Obst usw. anordnen. Will man die Baumkrone noch etwas plastischer gestalten, legt man in der Mitte nochmals eine kleine, plattgedrückte Kugel auf die Grundform auf. So kann die Krone bis zu einer Halbkugel ausgebaut werden.

Bonsai (Jap. Baum)
Typisch für diese Bäume ist der unregelmäßige Wuchs. Deshalb kann man hier sehr dekorative Formen entstehen lassen. Die Struktur für den Stamm wird mit einer Zahnbürste eingedrückt. Für die Blätter wird der Teig durch ein grobes Sieb gedrückt, dann vorsichtig abgenommen und leicht geformt auf die Äste gelegt. Der Teig wird eingefärbt.
Größe: ca. 18 - 27 cm
Backzeit: ca. 1 1/2 Std.

Apfelbaum mit Schäfer
Besonders interessant an diesem reizenden Bild wirken die Farbabstufungen in verschiedenen Brauntönen. Für Stamm und Äpfel wird kaffeegefärbter Teig verwendet. Aus dunkelbraunem Teig (Batikfarbe) entstehen teilweise Schäfer und Hund. Den Rest mit naturbelassenem Teig fertigen. In die Äpfelchen Nelken stecken.
Wie Schäfer und Schaf entstehen, wird auf Seite 42 beschrieben.
Größe: 26 cm, Backzeit: ca. 2 Std.

Blütenbaum (links)
Hier wird die Baumkrone ganz mit Blättern fertiggestellt und zwar reihenweise von außen nach innen. Zum Schluß werden die Blüten verteilt.
Größe: 20 cm

Herbstbaum (Mitte)
Durch die reihenweise farbliche Anordnung der Blätter kann der Aufbau einer Blattkrone genau rekonstruiert werden. Man kann die bunten Blätter aber auch gemischt auflegen.
Größe: 32 cm

Blütenbaum (rechts)
Diesesmal wird die Baumkrone mit ausgestochenen kleinen blauen Blümchen verziert. In dieser Farbe wird auch ein Schleifchen aufgelegt.
Größe: 27 cm

Alle drei Bäume auf dem Bild werden eingefärbt. Die Backzeit beträgt ca. 1½-2 Stunden.

Blumenbaum (natur)
Der Stamm wird mit einem Modellierstäbchen eingeritzt. Um die Baumkrone wird die äußere Reihe mit Blättern angeordnet, dann die Mitte mit einer Vielzahl von Blumen arrangiert. Die Bräunung entsteht allein durchs Backen.
Größe: 30 cm
Backzeit: ca. 1½ Std.

Rosenbäumchen
Aus rotgefärbtem Teig entstehen die Rosen und die auf den Stamm gelegte Schleife. Der Stamm und der äußere Blätterkranz wird aus naturbelassenem Teig geformt.
Größe: 20 cm
Backzeit: ca. 1½ Std.

Landschaftsbilder

Diese vier stimmungsvollen, reliefartigen Landschaftsbilder haben eine persönliche Note. Sie sind eine Zierde für jedes Heim. Auf Grundplatten von 12 × 12 cm entstanden Bäume und Häuser, umrahmt von Wiesen. Für Baumkronen und Wiesen nahmen wir ein Sieb zu Hilfe. Baumstämme und Hausdächer wurden mit Modellierstäbchen bearbeitet. Bei den ersten drei Bildern wurde gefärbter Teig verwendet, das letzte erhielt seine Tiefe durch wenig braune Farbe.

Mit ein bißchen Geduld und Konzentration können auch diese Bilder gemeistert werden.

Backzeit: ca. 1½ Std.

Einfache Ausstechformen

Die hier gezeigten Bildchen gelingen auf Anhieb. Sie sind dennoch nicht weniger reizvoll.

Den Neujahrsring mit einer runden Form ausstechen. Platte auf's Blech legen, mittleren Teil ausstechen. So verzieht sich der Ring nicht mehr. Motive darauf anordnen. Nach dem Backen beschriften!

Mit kleinen Ausstechformen werden Figuren, Blumen oder Tierchen gefertigt. Nach dem Backen werden sie auf Knopffliesen mit Pattex aufgeklebt, ebenso die Bilderaufhänger.
Größe: ∅ 5 und 8 cm
Backzeit: 1/2 - 3/4 Std.

Ring
Größe:
∅ 15 cm
Backzeit:
ca. 3/4 Std.

Florentiner Hut

Ein besonders ansprechendes und nicht alltägliches Motiv ist der Florentiner Hut.
Da die Herstellung nicht ganz einfach ist, wird die Entstehung schrittweise erklärt:

1. Ein kleines Schälchen oder eine Teetasse (ohne Henkel) wird möglichst glatt in Alufolie eingewickelt. Kein kostbares Stück verwenden, denn es kann durchaus mal in Brüche gehen. Nun wird der eingewickelte Gegenstand auf das leicht eingeölte Backblech gelegt, und zwar so, daß die Öffnung nach unten zeigt.

2. Dann wird eine Teigplatte, ∅ 30-35 cm ausgewellt und ausgestochen. Diese Platte wird über das vorbereitete Schälchen gelegt, und zwar so, daß dieses so ziemlich genau in der Mitte der Teigplatte liegt.

3. Vorsichtig wird der Teig an die Schale angedrückt und etwas abgeformt.

4. Aus zwei geschlungenen Teigwürsten wird ein Band um die angedrückte Stelle gelegt. Die Ansatzstellen des Bandes schließen am hinteren Ende des Hutes und werden mit Blättchen und Rosen verdeckt. Das Band und die Rosen werden braun eingefärbt.

5. Der äußere Rand des Hutes wird mit Eindrücken eines Trinkhalms dekoriert.

6. Zum Schluß wird der Rand an zwei Stellen mit einem eleganten Schwung angehoben, so daß der Hut nicht platt auf dem Blech liegt. Das bringt noch ein bißchen Pfiff.

Nach ca. einer Stunde kann die Schale aus dem Hut gelöst werden, aber nur dann, wenn der Hut so gut abgetrocknet ist, daß sich die Schale leicht lösen läßt. Schließlich kann das Backwerk wieder in den Ofen und fertiggebacken werden.

Der Hut kann entweder mit einem Bilderaufhänger oder aber an einem vor dem Backen eingestochenen Loch aufgehängt werden.

Größe: ∅ 23 cm
Backzeit: ca. 3 Std.

Geschenkideen mit Familienfotos

Ein nicht alltägliches Familienbild ist dieses Fotohaus. Hierfür wird eine große Teigplatte mit einer Dicke von ca. 7 mm, die fast die Größe eines Backbleches hat, ausgewellt. Diese wird dann aufs Blech gelegt. Jetzt wird mit Lineal gearbeitet. Eine Breite von 30 cm und eine Höhe von 30 cm wird abgemessen. Der Rest wird in geraden Linien abgeschnitten. Fenster werden nach den auf der Skizze angegebenen Maßen mit einem Messer ausgeschnitten. Das Dach wird ebenfalls nach den angegebenen Maßen zugeschnitten und auf den oberen Teil der Platte aufgelegt. Hier muß die Teigplatte ca. 1 cm stark sein.

Für das Bild mit dem Hund wird ein kleines Dachfenster daraufgesetzt. Das Bild wird nach dem Backen aufgeklebt. Die Dachziegel werden mit einem dicken Trinkhalm oder Apfelkernausstecher halb eingedrückt. Mit fein ausgerollten Würstchen werden nun die Fachwerkbalken, wie auf dem Bild, angelegt. Der Abschluß wird durch Grasstreifen und Gebüsch gebildet. Hierfür wird Teig durch ein grobes Sieb gedrückt und vorsichtig angeordnet. Im Gebüsch hat sich ein kleines Kätzchen versteckt.

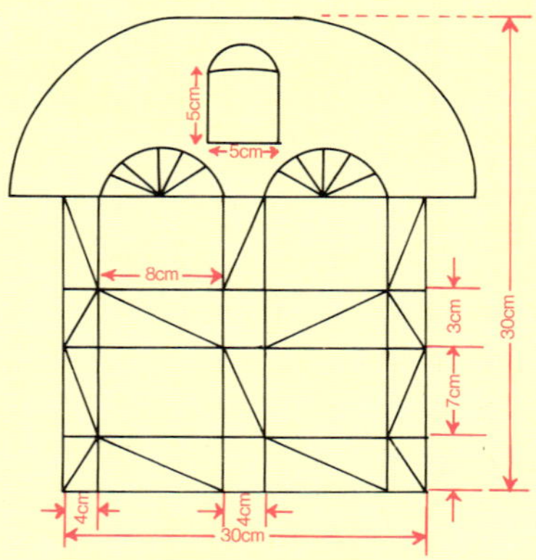

Die Maße können natürlich nach Belieben nach Größe und Anzahl der Fotos abgeändert werden. Hat man mehr Bilder unterzubringen, kann man evtl. auch noch eine Haustür mit einem Familienmitglied vorsehen.

Das Haus wird mit eingefärbtem Teig gearbeitet und nach der normalen Backzeit leicht mit Speiseöl bestrichen und nochmals kurz bei ca. 220 °C überbacken. Dadurch werden die Farben intensiver und die Bräunung des Naturteiges kräftiger. Nach dem Erkalten werden die Glasscheiben angepaßt, die Fotos sorgfältig zurechtgeschnitten und dahintergeklebt.

Backzeit ca. 2 - 3 Stunden

So können Sie den Nachwuchs präsentieren

Eine originelle Möglichkeit der Verwandtschaft den Nachwuchs vorzustellen: Adebar mit dem Foto des Kleinen.
In der gewünschten Größe wird eine Glasscheibe (am besten Mattglas) auf das Backblech gelegt, die mit einer dicken Teigwurst eingerahmt wird. Diese wird etwas plattgedrückt und mit einem Modellierstäbchen rillenartig verziert. Aus zwei Teigwürstchen entstehen die Füße für den Storch. Kopf und Körper werden in einem Stück geformt, der Flügel aufgesetzt, der Schnabel angesetzt und dann in den Knoten der Schleife gesteckt. Die Schleife entsteht wie folgt: Es werden zwei abgeschrägte Streifen als Untergrund geformt. Dann zwei weitere Streifen zur Schlaufe biegen und daraufsetzen. Im Mittelpunkt etwas zusammendrücken, damit die Raffung der Schleife entsteht. Ein weiterer kleiner Streifen bildet den Knoten. Er verdeckt die darunterliegenden Ansätze.
Höhe: 18 cm / Breite: 20 cm
Backzeit: ca. 2 - 2½ Stunden
Wegen der mitgebackenen Glasscheiben nicht höher als 150 °C gehen!

Der Stammbaum

Aus Salzteig liebevoll geformt und vorsichtig im Backofen getrocknet, entsteht dieser rustikale, knorrige Stammbaum.
Der Stammbaum wird durch eine knorrige Eiche dargestellt. Der Stamm ist der Mittelpunkt und wird üppig ausgearbeitet. Wurzeln nach Belieben ansetzen. Mit dem Modellierstäbchen werden tiefe Strukturen eingeschnitten, damit man eine naturgetreue Wirkung erzielt. Nun werden die Äste angelegt und mit dem Stamm verbunden. 16 Glasscheibchen, ∅ 5 cm, werden auf dem Baum verteilt und zwischen die Äste gelegt. Stimmt nun die Anordnung, dann werden die Glasscheiben mit kleinen Blättchen eingerahmt. Sie müssen fest mit Teig umrahmt sein, damit sie sich nicht nach dem Backen lösen.
Die Größe des Baumes ist durch die Größe des Backbleches begrenzt. Er wird mit eingefärbtem Teig gearbeitet. Dadurch kommen Licht und Schatten, besonders beim Stamm, ganz natürlich zur Wirkung. Die Fotos werden nach dem Backen sorgfältig zurechtgeschnitten und leicht an den Rändern festgeklebt.
Backzeit: ca. 4 Stunden

Kleine Bildchen in Rahmen und auf Fliesen

Als schmückendes Zubehör dienen gerade die kleinen Bilder in verschiedenen Formen. Es gibt unendlich viele Möglichkeiten, faszinierende Motive zu gestalten. Am Anfang steht immer die Idee. Wenn Sie keine eigene Idee parat haben sollten, so können Sie sich Anregungen aus Kinderbüchern, Illustrierten oder Katalogen holen. Noch besser ist es allerdings, wenn Sie selbst einmal versuchen, ein eigenes Motiv zu entwerfen, indem Sie zuerst von Ihren eigenen Ideen eine kleine Skizze anfertigen. Und hier nun einige einfache Motivvorschläge.

Gerade Miniaturbildchen erfreuen sich in letzter Zeit größter Beliebtheit. Für diese kleinen Bilder benötigt man jedoch mehr als nur handwerkliches Geschick. Dazu gehören auch Formgefühl und künstlerisches Gespür.

Die hierfür verwendeten Rahmen gibt es in allen Größen und Ausführungen im Hobbyhandel. Auch aus gebeizten oder ungebeizten Vorhangringen aus Holz kann man Miniaturrahmen machen. Schließlich können Rahmen aus Keramikmasse gegossen werden. Im Hobbyhandel gibt es eine große Auswahl an solchen Bilderrahmenformen.

Bei jedem Bild ist wichtig, daß der Hintergrund farblich genau mit dem aufzuklebenden Motiv abgestimmt wird. Dazu eignen sich Stoff-, Filz- und Lederreste. Auch Reste von Stofftapeten lassen sich sehr gut verwenden. Damit die Rückwand etwas stabiler ist, wird der Stoff oder der Filz auf einen zurechtgeschnittenen Pappkarton geklebt. Dann werden Rahmen und Rückwand zusammengeklebt, das angefertigte Motiv mit Pattex festgeklebt und zum Schluß noch ein Bilderaufhänger angebracht.

Sämtliche Bilder werden mit eingefärbtem Teig gearbeitet und evtl. noch mit ein paar Pinselstrichen verschönt.

Das **Schwarzwaldmädchen, Stute mit Fohlen** und **das Motiv mit der Kuh** werden auf den Fliesen modelliert und gebacken. Dadurch passen sich die Bildchen genau an. Da es bei diesen feinmodellierten Teilchen auf jedes Detail ankommt, muß die Vorlage genau betrachtet werden. Es können natürlich weitere Ausschmückungen nach Belieben vorgenommen werden.

Nach dem Backen und Erkalten lösen sich die Motive von den Fliesen, da die Oberfläche meist glatt ist. Sollten sie sich nicht lösen, ist es möglich, daß sie noch nicht ganz durchgetrocknet sind. In diesem Fall noch etwas backen. Auf alle Fälle muß das Bild abgelöst sein, da es sonst passieren kann, daß es sich nach dem Aufhängen von selbst löst. Zum Schluß mit Pattex festkleben.

Größe: 6 × 10 cm

Backzeit: ca. 1-1½ Std.

Das **Bauernhäuschen** und das **naive Bildchen mit der Kirche** werden auf Filz aufgeklebt. Für Bäume und Balkonschmuck wird Teig durch das Sieb gedrückt und vorsichtig abgelöst. Mit Hilfe des Rahmens wird der gewünschte Ausschnitt festgelegt. Die Bildfläche läßt sich am besten gestalten, wenn man den Rahmen gleich mit einbezieht.
Größe: 8 × 11 cm
Backzeit: 1-1½ Stunden

Die Bilder mit dem **Jungen** und dem **Mädchen** werden direkt auf und in den Holzrahmen modelliert. Die Rückwand wird für den Hintergrund verwendet und nach dem Backen bemalt. Der Rahmen wird mitgebacken (keinen Kunststoffrahmen verwenden).
Das Pärchen unter dem Apfelbaum wird auf blauen Filz aufgeklebt. Für Gras und Baumkrone wird wieder Teig durchs Sieb gedrückt und vorsichtig angeordnet. Auch hier erfordern sehr viele Details etwas Geduld und Geschicklichkeit.
Größe: 8 × 11 cm
Backzeit: ca. 1½ Std.
Werden Holzrahmen mitgebacken, nicht höher als 150 °C gehen, da sich diese sonst verziehen.

Rahmen: ∅ 10 cm.

Rahmen ∅ 13 cm.

Die **Fliegenpilze** auf braunen Stoff kleben. Lamellen werden mit dem Modellierstäbchen eingedrückt. Der Pilz wurde sehr plastisch herausgearbeitet. Für das Gras wurde Teig durchs Sieb gedrückt.

Die **Steinpilze** auf eine Strukturtapete kleben. Der Schwamm an der Unterseite und der Stiel des Steinpilzes erhalten mit einem dünnen Holzstäbchen eine leichte Struktur.

Für das **Veilchensträußchen** Veilchen nach Beschreibung modellieren. Danach Blätter ausschneiden und die feinen Adern mit einer Nadel einritzen. Blüten und Blätter zu einem gefälligen Sträußchen zusammenfügen. Nach dem Backen auf pinkfarbenem Filz aufkleben.

Das **Vergißmeinnicht-Körbchen** wird auf den gleichen Untergrund aufgeklebt. Hier wird zuerst die Körbchenform hergestellt, dann wird das Korbgeflecht bei einem kleinen Körbchen nur mit dem Modellierstäbchen fein eingedrückt. Danach verzieren wir das Körbchen mit ausgestochenen Blümchen und Blättchen und drücken in die Blumenmitte Senfkörner ein.

Gegenstände verziert mit Salzteig

Viele gekaufte Gegenstände kann man durch Zugabe von Salzteigblümchen zum persönlichen Geschenk machen.

Wie das am Ende aussehen könnte, sehen Sie hier. Aber das machen Sie bitte nicht sklavisch nach!

Achtung! Bei diesen Vorschlägen darf die Backtemperatur 150 °C nicht übersteigen (beim Creme-Döschen 120 °C)!
Backzeit: ca. $1\frac{1}{2}$ Stunden

Salzteig kombiniert mit anderen Materialien

Viel Ruhe strahlen die beiden Bilder aus, die unter Verwendung von salzteigfremden Hilfsstoffen hergestellt werden. Außer Salzteig verwenden wir Gardinenreste, Schnur- und Wollreste, Zweigchen, Ruskus, Zahnstocher, Draht und Zeitungspapier. Alles Materialien, die ohne weiteres mitgebacken werden können. Nicht infrage kommen vollsynthetische Stoffe oder man muß diese nach dem Backen aufkleben.

Für das **Katzenbild** (siehe S. 40) wird ein aus Teigwürsten geformter Rahmen auf eine Fliese angeordnet, je nach Größe der Fliese. Der Sims, auf dem sich das Kätzchen niedergelassen hat, ist etwas breiter. Das Kätzchen entsteht aus zwei verschiedenen großen Kugeln. Die größere davon wird auf das Bild gedrückt, die kleinere für das Köpfchen angesetzt und etwas plattgedrückt. Aus kleinen, spitzen Teigecken werden Öhrchen angesetzt; für die Barthaare von einer ausgedienten Spül- oder Zahnbürste Borsten abgeschnitten und in das aufgesetzte Schnäuzchen gesteckt. Pfoten und Schwanz werden angesetzt.
Dann bekommt das Kätzchen noch einen Schnur- oder Wolleknäuel in die Pfötchen gedrückt. Das Knäuel-Ende kann entweder gleich etwas gewunden in den Teig eingedrückt werden oder es wird nach dem Backen aufgeklebt. Kleine Blumentöpfchen aus Salzteig zieren das Fenster. Die Gardinen werden ebenfalls mitgebacken oder nachträglich aufgeklebt. Zum Schluß werden noch feine Zweigchen in den Rahmen gesteckt. Die Fliese wird mitgebacken. Nach dem Erkalten ablösen und mit Pattex wieder aufkleben. So hält das Bild mit Sicherheit und kann sich später nicht von selbst lösen.
Größe: 20 × 20 cm
Backzeit: ca. 3 Std.

Oma und Opa erinnern an die gute alte Zeit
Auch hier muß auf die vielen Details geachtet werden. Besondere Sorgfalt ist beim Nacharbeiten nötig.
Zuerst wird für den Boden eine ausgewellte Teigplatte auf die Fliese gelegt, zurechtgeschnitten, dann Rillen eingedrückt. Nun wird das Sofa geformt. Für die Armlehnen werden Rollen aufgelegt. Damit das Sofa beim weiteren Modellieren die Form behält, ist es ratsam, das Bild zum Anhärten ca. 10-15 Minuten bei 100-120 °C in den Backofen zu schieben. Nach dem Abkühlen lassen sich die Figuren mühelos draufsetzen. Figuren nach Beschreibung für Grundform herstellen und abwandeln. Die Brillen werden wie bei Großvater und Großmutter auf Seite 39 gefertigt. Kleid und Schürzchen werden mit Rüschchen verziert. Das Strickzeug wird mit Zahnstochern gestrickt. Die Zeitung wird ausgeschnitten und Opa in die Hand gedrückt. Das Kätzchen erhält wie beim „Katzenbild" den Wollknäuel in die Pfötchen. Die Gardinen werden auf das kleine Fenster nachträglich aufgeklebt. Der Blumentopf neben dem Sofa wird mit einem Ruskuszweigchen vervollständigt. Nach dem Backen wird der kleine, auf einem Webrahmen gewobene Teppich aufgeklebt. Es können hier auch Teppichreste verwendet werden.
Größe: 20 × 20 cm
Backzeit: ca. 3-4 Std.

Bunte Trachtenpärchen auf Fliesen

Elsäßer Tracht (links, S. 39)
Tiroler Tracht (Mitte, S. 39)
Marktgänger aus den Hamburger Vierlanden (rechts, S. 39)
Schwäbische Tracht (S. 40)

ILLUSTRIERTE WOCHENZEITUNG

Schwäbische Tracht Salzteigfiguren auf Keramikfliesen

Das Katzenbild wurde hergestellt unter Verwendung salzteigfremder Materialien

Diese fröhlichen Trachtenbilder sind genau das richtige Rezept für „kalte“ Räume. Zu einer bunten Bildergruppe arrangiert, verwandeln sie schnell eine kahle, weiße Wand in einen aparten Blickfang. Ihre Gäste und Sie selbst werden viel Freude daran haben. Bei diesen feinmodellierten Teilen kommt es auf jedes Detail an. Zu dieser Arbeit gehört etwas Übung und künstlerisches Geschick. Die Pärchen wurden auf den Fliesen modelliert und gebacken.
Die Figuren werden nach den beschriebenen Grundformen hergestellt und die Kleider, Haare, Hüte usw. entsprechend abgewandelt. Man sollte sich hier ziemlich genau an die Modellbilder halten und die Details beachten. Da hier viele Farben mitspielen, werden diese Bilder nicht eingefärbt, sondern nach dem Backen bemalt. Die Bilder müssen nach dem Backen von den Fliesen gelöst werden, damit sie sich später nicht von selbst lösen. Sollten sie festhängen, ist es ratsam, das Bild nochmals in den Backofen zu legen, da es dann innen noch feucht war. Zum Schluß das Bild mit Pattex aufkleben und hiermit auch je zwei stabile Bilderaufhänger ankleben.
Größe der Fliesen: 20 × 20 cm
Backzeit: ca. 2½ Std.

Für Umhänge, Röcke und **Schürzchen** wird der Teig dünn ausgewellt und locker und faltig auf die Figuren gelegt. Je schwungvoller die Kleidungsstücke aufgelegt werden, umso natürlicher wirken sie – teilweise könnte man sogar glauben, es wurde hier Stoff verwendet. Einen besonderen Schwung erreicht man, wenn der Rocksaum oder ein Schürzenzipfel etwas „herausgezogen“ wird oder die Ecken einer Jacke leicht „herausgestellt“ werden.

Große Puppen aus Salzteig

Wandschmuck, siehe Seite 42

Es ist erstaunlich, was alles mit dem geschmeidigen Werkstoff „Salzteig“ hergestellt werden kann. Von den kleinsten Miniaturbildchen bis zu diesen großen Wandpuppen, die sehr lebendig wirken.
In die großen Wandpuppen wird in der ganzen Länge ein ca. 1,5 mm dicker Schweißdraht mit eingearbeitet, der am oberen Ende zu einer Öse gebogen wird und aus dem Teig herausragt. Diese Öse dient als Aufhänger. Der Aufbau bei den großen Puppen entspricht dem der beschriebenen kleinen Grundfiguren. Er muß nur individuell abgewandelt werden.
Großmutter und Großvater bekommen eine Brille, die aus Blumenbindedraht gefertigt wird. Hierfür werden zwei ca. 10 cm lange Drähte so miteinander verschlungen, daß vier Enden entstehen. Jetzt wird das Brillengestell mit Hilfe eines Bleistiftes geformt. Dann verdrehen wir jeweils die zwei Drahtenden miteinander. Die Brille am Kopf anpassen. Die Lippen der Großmutter wurden mit einer feinen Teigrolle aufgesetzt und modelliert. Für den „Schnauzbart“ des Großvaters wurden zwei Kügelchen oval plattgedrückt, mit Daumen und Zeigefinger angespitzt und angedrückt. Ihm wurde eine kleine Tonpfeife, die im Spielwarengeschäft erhältlich ist, in den Mund gesteckt. Die Pfeife kann aber auch aus Salzteig modelliert werden. Großmutters Umhang besteht aus ausgewellten Teigplatten, die am Hals faltig angelegt werden. Um das untere Ende der Schürze und um den Rocksaum werden feine Streifen zu Rüschchen gerafft und angedrückt. Am Hütchen, das aus einer abgeflachten Halbkugel entsteht, werden ebenfalls Rüschchen angesetzt.
Besondere Sorgfalt erfordert das Bemalen der Figuren.
Größe: 40 cm, Backzeit: 3-4 Std.

Große Puppen, mal traurig, mal lustig!
Pierrot – Blumenmädchen – Clown

Der besinnliche Pierrot denkt vielleicht traurig an frühere Zeiten, aber der lustige Clown muntert die Runde wieder auf.

Dem **Pierrot** wird eine Rose in die Hand gedrückt. Sie ist auch die einzige bunte Farbe, da sonst alles in Schwarz-weiß abgestimmt wird. Die Halskrause wird zu einem ca. 7 cm breiten Streifen ausgewellt und mit dem Modellierstäbchen faltig am Kopf angelegt. Die dunklen und hellen Punkte entstanden durch Eindrücken mit einem Trinkhalm. Die Augenpartie wird durch leichtes Andrücken mit den Fingerspitzen etwas vorgeformt. Für den Mund wird ein kleines Teigwürstchen aufgelegt, aus dem wir Lippen formen. Damit der Pierrot richtig zur Wirkung kommt, wird er nach dem Backen schwarz und weiß bemalt.

Das Blumenmädchen hat am Dekolleté, am Rocksaum, Hutrand, sowie in der Hand Vergißmeinnicht, die mit kleinen Ausstechformen gefertigt werden. Dem Kleid werden am Oberteil seitlich und an der Taille sowie am Rocksaum Rüschchen angesetzt. Die Haare werden mit Hilfe der Knoblauchpresse gefertigt. Für die Augen werden Gewürznelken eingedrückt. Der Mund wird aus einem kleinen Teigwürstchen herausgeformt.

Bei dem **Clown** ist es das Wichtigste, ihn möglichst originell anzumalen. Besondere Sorgfalt beim Malen ist unbedingt erforderlich. Für die Nase wird eine Kugel aufgesetzt. Die Haare werden ebenfalls aufgesetzt und mit einem Modellierstäbchen eingedrückt. Wirkungsvoll sind auch die großen Schuhe. Die Schleife am Hals nicht vergessen! Der Hut entsteht aus einer plattgedrückten Halbkugel, der ein schmaler Rand angesetzt wird.

Größe: 40 cm

Backzeit: 3-4 Std.

Figuren modellieren

Das *Formen von Figuren* fasziniert und spornt zu neuer Kreativität an. Mit dem vielseitig formbaren Material, etwas Fingerfertigkeit und ein wenig künstlerischem Können hat man viele Möglichkeiten, Vorstellungen in „Teig“ umzusetzen.
Die ausführliche Beschreibung für die Fertigung von Figuren, und zwar für einen Jungen und ein Mädchen, gilt im Prinzip für alle Motive mit Figuren. Es sind Grundfiguren, die durch verschiedene Größen, Kleidung, Hüte, diverse Frisuren, durch vielseitige Bewegungen und Ergänzungen mit Blumen, Körbchen, Tiere usw. abgeändert werden können. Die Figuren können direkt aufs Blech modelliert werden oder auf eine ausgewellte und ausgestochene Teigplatte als Bildelemente fixiert werden.

Junge
Für den **Kopf** wird eine Kugel geformt. Diese wird dann halbkugelartig auf das Blech gedrückt. Der **Körper** entsteht aus einer Teigrolle. Diese wird etwa zur Hälfte eingeschnitten. Somit wäre die Körperform schon fertig. Der Körper wird an den Kopf gelegt und etwas spitz angedrückt. So wird der Hals leicht angedeutet. Den Körper insgesamt etwas plattdrücken. Die **Arme** werden mit dünnen Rollen an den Körper gelegt und in die richtige Form gebracht. Aus kleinen Kugeln entstehen Hände und Schuhe. Für die **Haare** wird etwas Teig aufgelegt und mit dem Modellierstäbchen zurechtgedrückt. Für Kräuselhaar wird Teig durch das Sieb gedrückt und vorsichtig aufgelegt. Zuletzt wird das Gesicht modelliert. Augen und Mund lassen sich am besten mit einem dünnen, runden Holz eindrücken.

Mädchen
Die Figur wird genauso gearbeitet, wie beim Jungen. Soll das Mädchen einen Rock bekommen, muß die Teigrolle für den Körper dünner sein, da jetzt anstelle der Hose Beine entstehen.
Für den **Rock bzw. das Kleidchen** wird aus dem Teig ein Dreieck geformt, das auf den Körper gedrückt wird. Entweder an der Taille ansetzen, oder für ein Hängerchen direkt unterhalb vom Kopf. Wenn der Rock faltiger sein soll, wird er aus einem Halbkreis gefertigt, der dann mit Hilfe von Modellierstäbchen angehoben wird. Für einen Plisseerock werden in ein abgestumpftes Dreieck dichte, tiefe Rillen eingedrückt.

Verschiedene Möglichkeiten gibt es für die **Haare. Zöpfe** entstehen dadurch, daß zuerst zwei Teilstückchen aufgelegt werden, so daß ein Mittelscheitel entsteht. Mit dem Modellierstäbchen werden Rillen eingedrückt. Dann werden zwei Teigwürstchen an den Kopf angelegt, die ebenfalls rillenartig eingedrückt werden. Die seitlichen Enden werden etwas herausmodelliert. Aus zwei ovalen Blättchen, die in der Mitte ein Kügelchen aufgesetzt bekommen, entstehen Schleifchen. Bei einem **Pferdeschwänzchen** setzt man an der oberen Kopfmitte ein kleines Teigwürstchen an, das ebenfalls rillenartig eingedrückt und am äußeren Ende mit Daumen und Zeigefinger angespitzt wird. Bei einem **Dutt** wird auf die obere Kopfmitte eine kleine Kugel aufgesetzt, die mit dem Modellierstäbchen oder einer Nadel etwas aufgerauht wird. Für **lange Haare** legt man zwei größere Teilstücke an der Mitte des Kopfes an, so daß wieder ein Mittelscheitel entsteht. Mit dem Modellierstäbchen bahnt man nun feine Rillen in den Teig. Die Teigenden werden noch in die richtige Form gedrückt. Sehr einfach ist auch das Formen von Haaren mit Hilfe einer Knoblauchpresse. Der Teig wird durchgepreßt und mit einem Holzstäbchen an- und zurechtgedrückt.

Die Kleidung kann vielseitig ergänzt werden mit Schürzchen, Volants, Rüschchen, Taschen, weitfallenden Ärmeln, kurzen Ärmeln, Puff-Ärmelchen, Kopftüchern, Miedern, verschiedenen Kragen. Die Puff-Ärmelchen entstehen aus kleinen Kugeln, die auf den Oberarm gelegt und mit dem Modellierstäbchen mit kleinen Falten versehen werden. Die Kleidung wird in Form von ausgewelltem Teig auf den Körper aufgelegt, vorher etwas zurechtgeschnitten, dann fertigmodelliert und angedrückt. Rüschen und Volants werden in schmalen Streifen gerafft aufgelegt. Ansonsten die Teigstücke so auflegen, als ob eine Puppe angezogen wird.

Für den **Hut** wird eine halbrunde Platte aus Teig auf dem Kopf mit geschwungenen Konturen zurechtgelegt. Nach gelungener Fertigstellung wird dann eine kleine Kugel daraufgedrückt. Die Ansatzpunkte können mit einem glatten oder geschlungenem Band verziert werden, das auch noch lustig über den Hutrand hinausflattern darf. Der Hut sieht flotter aus, wenn die Hutkrempe unregelmäßig an verschiedenen Stellen hochgedrückt wird.

Aparte Figuren in Natur- und Brauntönen

Wer dezente Farben vorzieht, hat auch bei den Figuren die Möglichkeit, sich nur in hellen und verschiedenen Brauntönen auszudrücken.

Für den **Jungen und das Mädchen** im oberen Teil des Bildes auf Seite 45 werden die Anleitungen für die Grundfiguren zugrunde gelegt. Die Haare des Mädchens werden mit der Knoblauchpresse erstellt. Schleifchen und Ränder an dem eingefaßten Jäckchen entstehen durch schmale Teigwürstchen. Der Junge bekommt Kräuselhaare mit Hilfe eines Siebes. Für die Schildmütze wird zuerst eine flache Scheibe auf den Kopf gedrückt, dann eine Kugel etwas plattgedrückt und daraufgesetzt. Der Kopf wird etwas seitwärts gedreht. Das ergibt einen neckischen Gesichtsausdruck.

Größe: 15 cm

Bei den **Kindern im Leiterwagen** werden zuerst die sitzenden Figuren modelliert, dann der Leiterwagen. Zum Schluß wird dem Mädchen noch eine kleine Puppe in die Hand gedrückt.

Größe: 11 cm

Das fröhlich **hüpfende Blumenmädchen** erhielt einen großen, ausdrucksvollen Hut. Am Schürzenende und am Rocksaum werden Rüschchen und Volants angesetzt. Das Schürzchen wird noch mit einer aufgesetzten Tasche verziert, aus der ein kleines Tüchlein hängt.

Größe: 16 cm, Backzeit: Bei allen Figuren auf dem Bild ca. 1½ Stunden.

Für das **Puppenmädchen** (Abb. rechte Seite) wird eine sitzende Figur modelliert. Der Rock aus einer längeren und kürzeren Teigplatte, deren Saum mit einem hellen Teigwürstchen hervorgehoben wird. Das Püppchen wird ihr liebevoll in die Arme gelegt.

Größe: 11 cm

Das **Katzenmädchen** hält ein dunkles Kätzchen auf dem Arm, ein helles schmiegt sich an ihre Beine. Auch hier werden Konturen durch helle und dunkle Teigwürstchen am Schürzchen und am Rocksaum angebracht. Eine dunkle Halskrause hebt das naive Gesichtchen besonders hervor. Ein flatterndes Schürzenband liegt auf dem dunklen Röckchen.

Größe: 16 cm.

Da sich ein Stock nicht exakt modellieren läßt, geben wir dem Geiger ein Stück Zahnstocher in die Hand. Die Jacke wird mit feinen Streifen eingefaßt. Aus der Hosentasche schaut ein Tüchlein heraus.

Der *kniende Junge* spielt verträumt mit einem Häschen. Auch hier Kontraste durch helle und dunkle Töne.

Ein guter Hirte, der für seine Herde sorgt

Der Umhang des Schäfers entstand aus zwei großen Teigplatten. Der Bart sowie die Haare werden durch ein Sieb gedrückt und vorsichtig angelegt. Der große Stock, eine Teigwurst, könnte jedoch ohne weiteres durch ein echtes kleines Ästchen ersetzt werden. Für einen guten Kontrast sorgen die großen braunen Taschen. Der Hut entsteht aus einem Dreieck, welches dann mit zwei hellen Teigwürstchen verziert wird.

Größe: 23 cm, Backzeit: ca. 1 1/2 Std.

Für die **Schäfchen** werden einmal eine länglich ovale Platte geformt, an die eine kleine Kugel angesetzt wird. Diese wird mit Daumen und Zeigefinger an dem „Schnäuzchen“ etwas zusammengedrückt. Aus vier feinen Teigröllchen werden Beine angesetzt. Mit ovalen Plättchen werden die Ohren und mit einem kleinen Würstchen das Schwänzchen modelliert. Nun wird mit der Knoblauchpresse die Wolle daraufgedrückt und mit einem feinen Hölzchen zurechtgelegt. Die Schafe können in beliebigen Größen und Farbtönen geformt werden: mal dunkel, mal hell oder meliert.

Größen: von 5 - 7 cm, Backzeit: ca. 3/4 Std.

Ein entzückendes Spatzennest

Der Stamm wird mit dunklem Teig modelliert und rillenartig eingedrückt. Aus nicht eingefärbtem Teig entstehen Blättchen und Vogelköpfchen. Blüten, Schnäbel und Nest aus kaffeegefärbtem Teig. Für die Struktur des Nestchens Teig durch ein grobes Sieb drücken und großzügig auflegen. Den Vögelchen kleine Nelken als Äuglein eindrücken. Nelken werden auch in die Blütenmitte gedrückt!
Größe: 20 cm
Backzeit: ca. 2 Std.

Der kleine Eisvogel auf einem Ast
Zuerst wird ein Ast geformt und mit dem Modellierstäbchen Strukturen eingeritzt. Dann kann das Vögelchen Platz nehmen. Es entsteht aus einer größeren Kugel, die oval plattgedrückt wird und einer kleineren für den Kopf. Beides wird miteinander verstrichen. Die Oberfläche mit einer Nadel aufrauhen. Für die Flügelchen wird eine ovale Teigplatte angesetzt. Die Ansatzstelle wird ebenfalls etwas verstrichen. Die Oberfläche des Flügels wird eingeritzt, dann der große Schnabel angesetzt, der durch eine Rille etwas geteilt wird. Für das Auge wird eine Nelke oder ein Pfefferkorn eingedrückt. Zum Schluß werden noch zwei kleine Teigwürstchen angesetzt, aus denen die Zehen geformt werden. Dies geht am geschicktesten mit zwei Modellierstäbchen.
Größe: 10 cm
Backzeit: ca. 1 1/2 Std.

Ein Adventskranz mit besonderem Flair

Man kann den Adventskranz selbst binden oder einen fertigen kaufen (∅ 70 cm).
Die Figuren werden nach Beschreibung der Grundfiguren direkt aufs Blech modelliert und entsprechend abgewandelt. Es werden ausschließlich Natur- und Brauntöne verwendet, die nach dem Backen mit etwas Goldbronze unterstrichen bzw. hervorgehoben werden. Die intensivere Brauntönung wird dadurch erreicht, daß die Figuren nach dem Backen leicht mit Speiseöl bepinselt und nochmals 10 bis 15 Minuten zum Überbacken bei 200-220 °C in den Ofen gelegt werden. Die Figuren werden nach Fertigstellung mit Alleskleber oder Pattex auf ein 5-6 cm breites und ca. 35 cm langes rotes Band bündig mit dem unteren Rand aufgeklebt. Zur Befestigung der Figuren am Kranz wird der obere Rand des Bandes mit einem Blumendraht umwickelt, der dann in den Kranz gesteckt wird.

Größe der stehenden Figuren: ca. 15-17 cm
Größe der knienden Figuren: ca. 11-12 cm
Ochs und Esel: ca. 6 cm hoch und 8-9 cm lang
Backzeit: ca. 1½-2 Std.

Maria wird kniend modelliert. Für den Schleier wird eine rechteckige Teigplatte ausgewellt. Der Schleier wird um den Kopf gelegt und fällt locker und faltig über das Kleid. Dies gelingt am besten mit Modellierstäbchen, mit denen die Falten noch leicht „angehoben" werden können. Die Hände werden „zum Gebet" gefaltet. Es wird ein weitfallender Ärmel angesetzt.
Josef erhält ein langes Gewand. Auf dieses wurde faltig ein großzügiger Umhang drapiert. In die eine Hand wird ihm eine Laterne gegeben, in die andere ein Stock in Form eines kleinen Ästchens. Der Stock kann natürlich auch aus Teig gebildet werden. Über die nackten Füße werden aus feinen Streifen Sandaletten geformt. Der üppige Bartwuchs wird mit Hilfe eines Siebs hergestellt. Für den Hut wird ein Dreieck aufgesetzt und angeformt. Der Rand wird zu welligen Konturen gelegt.
Aus einer 7 cm langen Teigrolle, die etwas plattgedrückt wird, entsteht das Windelpaket für das **Jesuskind.** Darauf werden kreuzweise kleine, feine Teigrollen gelegt, die die Verschnürung andeuten. Nun wird das kleine Köpfchen mit den Kräusellöckchen modelliert (Sieb).

Schafe werden nach der Beschreibung auf Seite 48 hergestellt.
Ochs und Esel liegend nach Modellbild formen. Beine, Schwanz, Hörner und Ohren werden angesetzt. Das dicke Fellhaar wird ebenfalls mit Hilfe eines Siebs hergestellt.
Der **Stern der Weisen** ist einfach anzufertigen. Er wird mit einer Plätzchenform ausgestochen, dann ein Schweif angefügt, der am Ende zackig eingeschnitten wird.
Den **Heiligen Drei Königen** wird „Geschmeide" in die Hände gedrückt und um den Hals gehängt. Diese Teile werden mitbacken. Hierfür eignen sich Teile von beliebigem Schmuck, der dennoch „wertvoll" aussieht. Die Könige können beliebig damit geschmückt werden.

Für **Melchior** wird das weite Gewand und das Cape aus ausgewellten Teigplatten locker fallend angeordnet. Der Kopfschmuck ist hier eine aus Teig modellierte Krone, die aber auch durch eine kleine Metallkrone ersetzt werden kann.

Balthasar wurde in arabischer Kleidung gefertigt. Das Gewand entsteht ebenfalls aus ausgewellten Teigplatten, die vorsichtig mit dem Modellierstäbchen schwungvoll aufgelegt werden. Es wird konturenreich mit feinen, braunen Streifen eingefaßt.

Der **Mohrenkönig Caspar** dagegen erhält eine Pumphose, die von einem weiten Kasak etwas verdeckt wird. Für den Turban werden zwei ovale Teilstücke auf den Kopf angeordnet, die zur Mitte hin zu Falten drapiert werden. Auch hier darf mit „kostbarem Schmuck" nicht gespart werden. Es können noch Steinchen in den Turban eingedrückt werden; auch wuchtiges Ohrgehänge macht sich sehr gut (Perlen).

Von den **Hirten** kniet einer ehrfurchtsvoll nieder, der andere hält andächtig sein Lamm auf den Armen. Der Hirtenjunge stützt sich auf einen Stock bzw. ein Ästchen.

Das **barfüßige Engelchen** wurde als ein „schwebendes" modelliert. Für Sternchen am Kleid und an den Ärmeln werden kleine Suppensternchen verwendet, die auch beim Backen ihre Form behalten. Mit der Knoblauchpresse werden Haare geformt.

Harmonische Pärchen

Einen Hauch von Romantik zaubern diese anmutigen Pärchen. Sie sind liebevoll geformt, fein ausmodelliert und kontrastreich in Braun- und Naturtönen zusammengestellt. Auch für Geübte gehört hier schon etwas Fingerfertigkeit und Formgefühl dazu. Vor allem wird viel Zeit benötigt, um diese harmonischen Bilder zu fertigen. Sie eignen sich z. B. hervorragend als Hochzeitsgeschenk.

Für das **Pärchen im ovalen Ring** (Titelbild) wird eine Teigwurst oval auf das Blech gelegt und etwas plattgedrückt (Größe 22/30 cm ∅). Nun wird das Pärchen nach den Angaben für die Grundform gefertigt und entsprechend den Details abgewandelt. Der Rock wird aus einer halbkreisförmigen Platte ausgewellt, die Falten mit den Modellierstäbchen angehoben, der Rocksaum mit Rüschchen verziert. Die Haare formen Sie mit einer Knoblauchpresse.

Der junge Liebhaber erhält Kräuselhaare (Sieb). Die Jackenränder werden mit hellen Teigwürstchen eingefaßt. Aus der aufgesetzten Tasche „spickt“ ein Taschentüchlein.

Ist die Fertigstellung des Pärchens gelungen, kann der Ring mit Blumen und Blättern ausgeschmückt werden. Hier kann wie bei der Beschreibung für Kränze vorgegangen werden. Da der vorbereitete Ring in der Zwischenzeit sicherlich abgetrocknet ist, muß dieser wieder mit den Fingerspitzen oder dem Pinsel leicht angefeuchtet werden. Das untere Ende des Ringes wird mit feinem Gras vervollständigt (Sieb).

Backzeit: ca. 3 - 4 Std.

Das **„liebliche Herzchen“** wird ähnlich wie das Pärchen im ovalen Ring hergestellt. Eine Teigwurst wird herzförmig aufs Blech gelegt. Es kann hierfür eine Schablone angefertigt werden oder es wird ein großes Ausstechherz in die Mitte gelegt. Die Teigwurst wird rundherum angelegt und die Schablone bzw. Form entfernt. Anschlußstellen verstreichen. Das Pärchen entsteht wieder nach der Grundform und wird in das Herz gesetzt, mit Rüschchen, Hut usw. ergänzt. Danach wird die Ausschmückung, wie bereits beim vorangegangenen Motiv, vorgenommen. Die Spitze des Herzens wird mit Gras ausgefüllt (Sieb).

Größe: 20/20 cm, Backzeit: ca. 3 Std.

Drei Vögel

Backzeit: $1^1/_2$ Std.

Sie wurden auf einem mit Samtstoff überzogenen Holzbrettchen angeordnet. So erfreuen sie sicher jeden Betrachter.
Zuerst werden die Bildchen gefertigt. Auf eine ausgewellte, ausgestochene Teigplatte, ∅ 9 cm, werden Blaumeise, Stieglitz und Rotkehlchen modelliert. Sie haben sich alle auf feinen Ästchen niedergelassen, die mit Blättchen, evtl. auch mit Blüten, vervollständigt werden. Körper und Kopf entstehen auch hier aus zwei verschieden großen Kugeln, die aneinandergefügt und nahtlos verbunden werden. Flügelchen, Schwanz und Schnäbelchen wie auf den Modellbildern anfertigen und anfügen. Wichtig ist nach dem Backen das sorgfältige Bemalen. Nach Fertigstellung der Bilder werden diese auf ein mit Samt, Stoff oder Leder bezogenes Brettchen oder auf einen kräftigen Pappkarton, Größe 40 × 10 cm, geklebt. Stabile Bilderaufhänger aus Leinen oder Metall entweder ankleben oder festnageln. Zum Schluß aus einem farblich abgestimmten Band noch eine Schleife fertigen. Sie wird am oberen Rand festgeklebt.

Kalender

Backzeit: $1^1/_2$ Std.

Zuerst wird das Bild vollplastisch auf eine zuvor ausgestochene Teigplatte, ∅ 11 cm, fixiert. Figuren wie beschrieben modellieren und vervollständigen. Der Junge hat ein Tüchlein um den Hals. Das Kleid des Mädchens ist an den Armausschnitten mit Rüschchen verziert. Die Bändchen werden, leicht verdreht, mit Schwung angebracht. Schleifchen für die Zöpfe nicht vergessen! Zwischen die Kinder wird ein kleiner Hund modelliert, von dem nur Kopf und Pfoten zu sehen sind. Das Fell wird mit einer feinen Nadel aufgerauht. Nach dem Backen erkalten lassen und vorsichtig anmalen.
Nun wird aus Holz oder festem Karton eine Platte von 30 × 13 cm zurechtgeschnitten. Mit Stoff oder Leder beziehen und auf der Rückseite gut verkleben. Das Bildchen wird auf der oberen Hälfte angeordnet und mit Pattex festgeklebt. Mit etwas Abstand wird darunter ein Tageskalender befestigt. Hierfür werden zwei Löcher für die Klammern gebohrt oder eingeschnitten. Nun Kalender befestigen, die Klammern durchstechen und auf der Rückseite auseinanderbiegen.

Das fröhliche Kalenderband findet sicher ein geeignetes Plätzchen. Die Anfertigung ist ähnlich wie bei dem „Vogelbild".

Originelle Pflanzenbilder: Gepreßte Pflanzen auf Salzteig aufgeklebt, mit Wachs überzogen

Aus dem ausgewellten Teig sticht man die gewünschte Form für das Pflanzenbild aus. Diese Grundplatte wird nun auf das leicht eingeölte Backblech gelegt.

Für **Rahmen** kann eine glatte Teigwurst angelegt werden. Die Enden gut verstreichen. Das Herz wird mit einem Kordelrand eingefaßt. Dieser Rand entsteht aus zwei gleichmäßig starken Rollen, die behutsam gegeneinander gedreht und dann an das Herz angedrückt werden. Die Ansätze schneidet man schräg ab, so daß weder Anfang noch Ende zu sehen ist. Der Teig für die Rahmen wird eingefärbt.

Nach dem Backen werden gepreßte Pflanzen auf die erkaltete Bildplatte arrangiert und festgeklebt. Schön **gepreßte Pflanzen** erhält man, wenn darauf geachtet wird, daß frisch aufgeblühte Blumen und Blätter möglichst kurz nach dem Pflücken zwischen Löschpapier gepreßt werden. Ein sorgfältiges wuchsgerechtes Auflegen der Pflanzen ist wichtig. Sie werden dann in einer Blumenpresse oder zwischen dicke Bücher gelegt.

Ist das Bild nun soweit entstanden, werden Bildaufhänger mit Pattex festgeklebt. So kann eine dünne Schnur oder Faden durchgezogen werden. Das Eintauchen in Wachs und danach das Trocknen werden dadurch erleichtert.

Nun wird Tauchwachs oder Wachsgranulat im Wasserbad aufgelöst. In das sehr heiße Wachs wird das Bild kurz eingetaucht. Es genügt ein einmaliges Eintauchen. Die Teile saugen sich mit Wachs voll, danach ist der Salzteig und die Pflanzen auf diese Art und Weise konserviert.

Sind die Pflanzen in ihrer Farbe etwas abgeblaßt oder das Bild soll noch mit Ornamenten oder Schrift ausgeschmückt werden, kann dies mit Wachsfarben, die im Hobbyhandel erhältlich sind, vollendet werden.

Die Autorin Gudrun Hettinger